Lee Aucoin, *Directora creativa*
Jamey Acosta, *Editora principal*
Heidi Fiedler, *Editora*
Producido y diseñado por
Denise Ryan & Associates
Ilustraciones © Chantal Stewart
Traducido por Santiago Ochoa
Rachelle Cracchiolo, *Editora comercial*

Teacher Created Materials
5301 Oceanus Drive
Huntington Beach, CA 92649-1030
http://www.tcmpub.com
ISBN: 978-1-4807-2991-9
© 2014 Teacher Created Materials

La vida desde arriba

Escrito por Sharon Callen

Ilustrado por Chantal Stewart

En mi hogar viven dos familias. Una familia
vive en un árbol.

Una familia vive en una casa.

A mi hermana le encanta sentarse en el columpio. Observa a las ardillas saltar de rama en rama.

5

A mi mamá y a mi hermanito les encanta
acostarse en la hamaca. Ven a los pájaros
construir sus nidos.

7

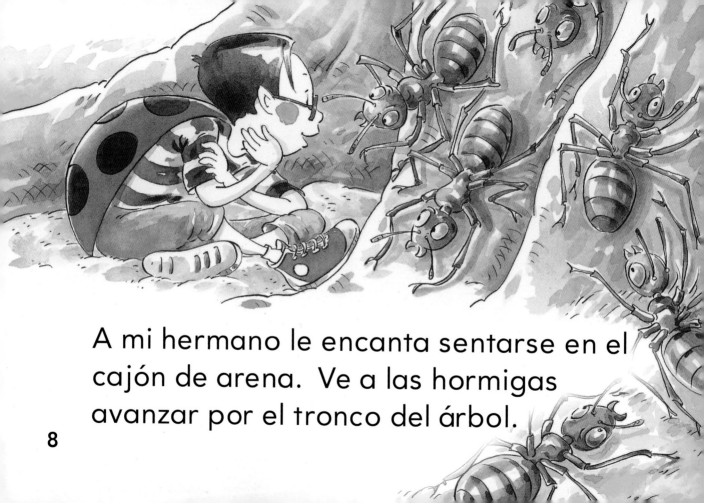

A mi hermano le encanta sentarse en el cajón de arena. Ve a las hormigas avanzar por el tronco del árbol.

A mi papá le encanta sentarse
en su silla. Fotografía los
pájaros que visitan nuestro árbol.

Me encanta treparme a una rama y
mirar las cosas de cerca.

Me encanta hacer nuevos amigos.

A menudo veo a una chica hermosa.
Creo que ella también me ve.

Siempre me gusta mirarla y
también dibujarla.

19

¡Dos familias viven en mi hogar,
y somos amigas!